Learning Spanish with the Solar System

By Javier Jerez-López

All Rights Reserved.
©Copyright Javier Jerez López 2016
This book or any portion thereof may not
be reproduced or used in any matter whatsoever
without the written permission of the author,
except for the use of brief quotations on a book
review or journal. *Images courtesy of NASA.
Drawings purchased and licensed by Can Stock.*
ISBN: 978-0-692-05517-5

Published by
Jerez Publishing and Arts
PO Box 141025 Arecibo
Puerto Rico 00614
jerezjavier@gmail.com

Aprendiendo Inglés con el Sistema Solar

Por Javier Jerez-López

Todos los derechos reservados.
©Copyright Javier Jerez López 2016
No se permite que este libro o cualquier
porción de este sea reproducido, copiado
o utilizado de ninguna forma en lo absoluto sin el
consentimiento escrito del autor, con la
excepción de alguna referencia o crítica
constructiva en algún libro o revista.
Imágenes cortesía de NASA.
Dibujos adquiridos y licenciados por Can Stock.
ISBN: 978-0-692-05517-5

Publicado por
Jerez Publishing and Arts
PO Box 141025
Arecibo Puerto Rico 00614
jerezjavier@gmail.com

Table of Contents
Tabla de Contenido

Dedication / Dedicación………………

Solar System / Sistema Solar…………

Sun / Sol………………………………

Mercury / Mercurio……………………

Venus / Venus…………………………

Earth / Tierra…………………………

Moon / Luna……………………………

Mars / Marte…………………………

Jupiter / Júpiter………………………

Saturn / Saturno………………………

Uranus / Urano…………………………

Neptune / Neptuno……………………

Dwarf Planets / Planetas Enanos………

Your Planet / Tu Planeta………………

Biography / Biografía…………………

Dedication

To my wife Kimberly for always believing in me, to my kids Matthew and Aixamar and to every other kid, young or old who dare to dream. Much like your life, the Stars and the Planets are just the first step on a marvelous journey around the Universe. Each day you will learn, grow and will prepare for the rest of your lives, how far you reach will only depend on how much you are willing to sacrifice for what you want. Aim to reach the end of the Universe because even if you can't get there I'm sure that you will land on a star. Don't let anyone say you can't, believe in yourself and everyone else will believe in you as well.

Dedicación

Para mi esposa Kimberly por siempre creer en mi, mis hijos Matthew y Aixamar y para todos los niños, jóvenes y viejos que se atreven a soñar. Al igual que su vida, las estrellas y los planetas son sólo el primer paso en un maravilloso viaje por el Universo. Cada día aprenderán, crecerán y se prepararán para el resto de sus vidas, cuán lejos lleguen solo dependerá de cuánto se sacrifiquen por lo que quieren. Que su meta sea llegar al final del Universo, porque incluso si no se puede llegar, estoy seguro que lograrán alcanzar una estrella. No permitan que nadie les diga que no se puede, crean en sí mismo y todos los demás creerán en ustedes.

The Solar System

El Sistema Solar

The Solar System

The Solar System is a very big place that includes: The Sun, Terrestrial Planets, Jovian Planets, Dwarf Planets and many other interesting things. Join us in this amazing journey around the Solar System.

El Sistema Solar

The Solar System

El Sistema Solar

El Sistema Solar es un lugar muy grande que incluye: El Sol, los Planetas Terrestres, Planetas Jovianos, Planetas Enanos y muchas otras cosas interesantes. Acompáñenos en este maravilloso viaje a través del Sistema Solar.

The Sun

El Sol

The Sun

The Sun is the largest object in our Solar System. It is very big and yellow. The Sun is a big ball of fire that gives us heat. Thanks to the Sun's heat we can grow plants and stay warm during the day.

El Sol

The Sun

El Sol

El Sol es el objeto más grande del Sistema Solar. Es muy grande y amarillo. El Sol es una gran bola de fuego que nos da calor. Gracias al calor del Sol podemos cultivar plantas y mantenernos calientes durante el día.

Mercury

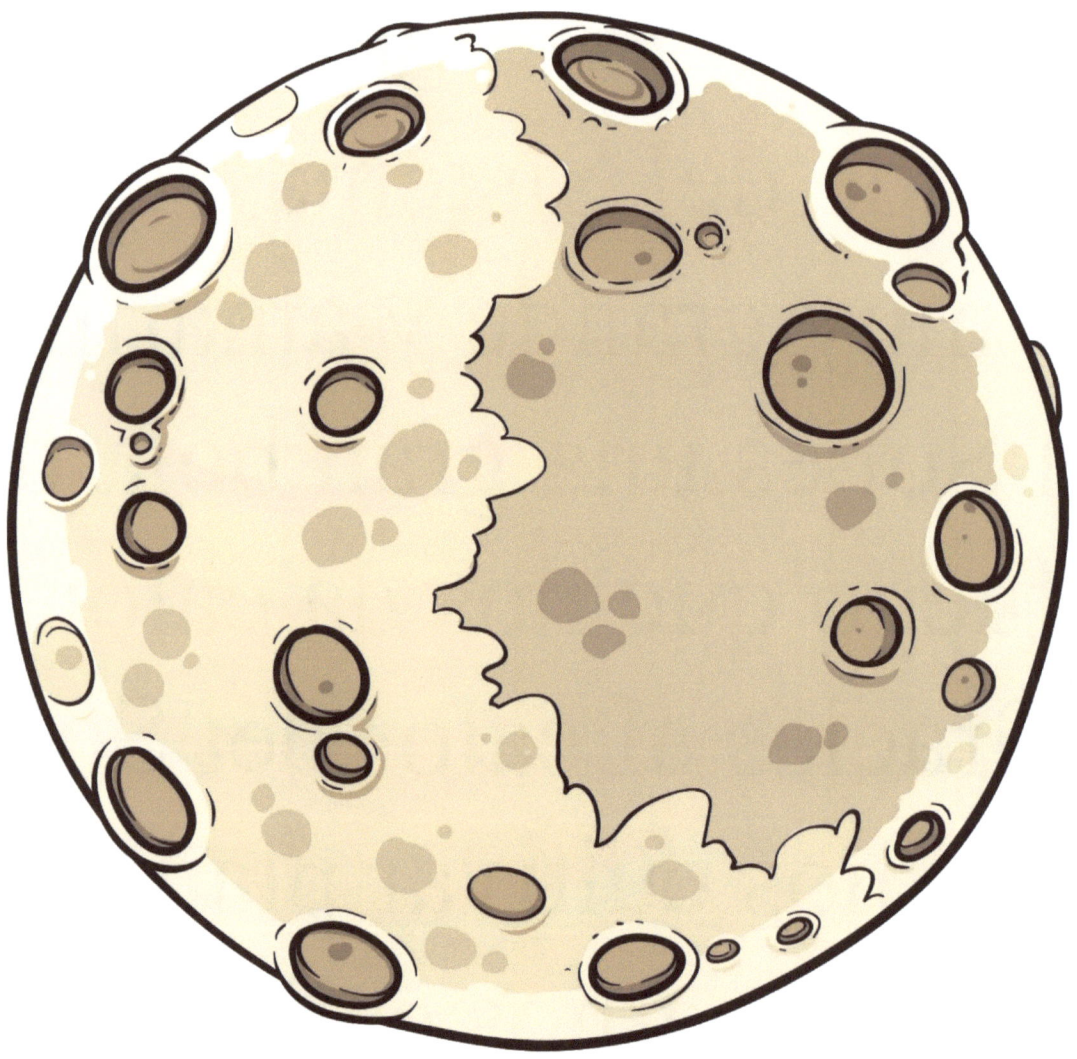

Mercurio

Mercury

Mercury is the closest planet to the Sun. Mercury is the most cratered planet in the Solar System. One day in Mercury lasts 176 Earth days. It has many wrinkles similar to the wrinkles of an old person.

Mercurio

Mercury

Mercurio

Mercurio es el planeta más cercano al Sol. Mercurio es el planeta con más cráteres en el Sistema Solar. Un día en Mercurio dura 176 días de la Tierra. Este tiene arrugas similares a las arrugas de un viejito.

Venus

Venus

Venus

Venus is the second planet from the Sun and the second brightest object in the night sky after the moon. It's called Earth's twin sister because their size and mass are very similar. Venus is filled with toxic gases.

Venus

Venus

Venus

Venus es el segundo planeta más cercano al Sol y el segundo objeto más brillante en la noche después de la Luna. Le llaman la hermana gemela de la Tierra dado a que su tamaño y masa son muy similares. Venus está lleno de gases tóxicos.

Earth

Tierra

Earth

Planet Earth is where we all live. About 70% of the Earth's surface is covered by water. The Earth is like a big magnet with poles at the top and the bottom on the North and South Poles. It is the only known planet that appears to support life.

Tierra

Earth

Tierra

El planeta Tierra es en donde todos vivimos. Un 70% de la superficie de la Tierra está cubierta de agua. La Tierra es como un gran imán con polos arriba y abajo, en el Polo Norte y Polo Sur. Es el único planeta en el que parece haber vida.

The Moon

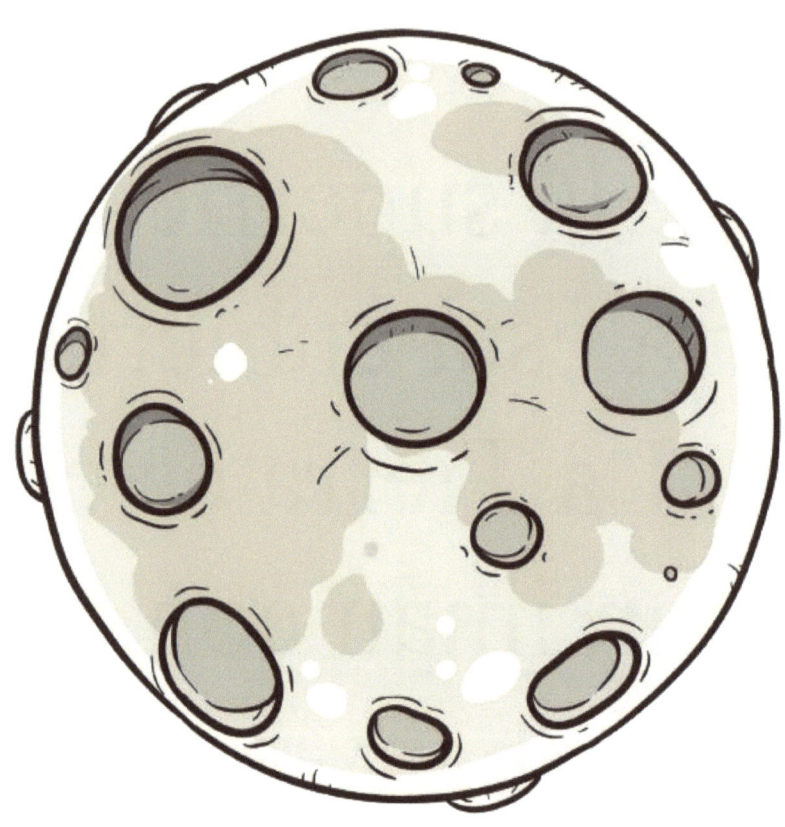

La Luna

The Moon

The Moon is not a planet, is the only natural satellite of Earth. Its name is The Moon. We only see one part of the Moon because it does not rotate on its axis. The Moon reflects the light from the Sun so that at night we can see better.

La Luna

The Moon

La Luna

La Luna no es un planeta, es el único satélite natural de la Tierra. Su nombre es la Luna. Solo podemos ver una parte de la Luna ya que esta no rota sobre su eje. La Luna refleja la luz del Sol para que por la noche podamos ver mejor.

Mars

Marte

Mars

Mars is known as "The Red Planet" because of its reddish appearance. Much like Earth, it also has a North and a South Pole filled with ice. It has two natural satellites called Phobos and Deimos and a big volcano called Mount Olympus.

Marte

Mars

Marte

Marte es conocido como "El Planeta Rojo" por su apariencia rojiza. Al igual que la Tierra tiene un Polo Norte y Sur llenos de hielo. Tiene dos satélites naturales llamados Fobos y Deimos y un gran volcán llamado el Monte Olimpo.

Jupiter

Júpiter

Jupiter

Jupiter is the biggest planet in the Solar System, so big that you can fit all the planets inside of Jupiter twice and still have room to put more stuff. It is know as "The Gas Giant" and it has more than 60 natural satellites.

Júpiter

Jupiter

Júpiter

Júpiter es el planeta más grande del Sistema Solar, tan grande que puedes meter todos los planetas dos veces y todavía te sobra espacio para otras cosas. Se le conoce como "El Gigante de Gas" y tiene más de 60 satélites naturales.

Saturn

Saturno

Saturn

Saturn is the second largest planet in the Solar System. It is mostly known by its beautiful rings. Saturn's rings are made of ice, dust and rocks. Galileo Galilei was the first person to see Saturn through a telescope.

Saturno

Saturn

Saturno

Saturno es el segundo planeta más grande del Sistema Solar. Es bien conocido por sus bellos anillos. Sus anillos están compuestos de hielo, polvo y rocas. Galileo Galilei fue la primera persona en ver a Saturno a través de un telescopio.

Uranus

Urano

Uranus

Uranus is tipped over on its side and is often described as rolling around the Sun resting or sleeping. It has a beautiful blue color and it is known as "The Ice Giant" because its insides are covered with an ice mantle.

Urano

Uranus

Urano

Urano se encuentra inclinado hacia el lado, a menudo, se describe como el planeta que rueda en descanso o durmiendo. Tiene un bello color azul y se le nombró como "El Gigante de Hielo", ya que su interior esta cubierto con un manto de hielo .

Neptune

Neptuno

Neptune

Neptune is a big ball made of ice and gas. It has the strongest winds in the Solar System. Its winds are so strong that a normal cloud on the top of the planet can have winds faster than 20 of the Earth's hurricanes combined.

Neptuno

Neptune

Neptuno

Neptuno es una gran bola de hielo y gas. Tiene los vientos más fuertes de todo el Sistema Solar. Sus vientos son tan fuertes que una nube del tope del planeta puede tener vientos tan rápidos como 20 huracanes terrestres combinados.

Dwarf Planets

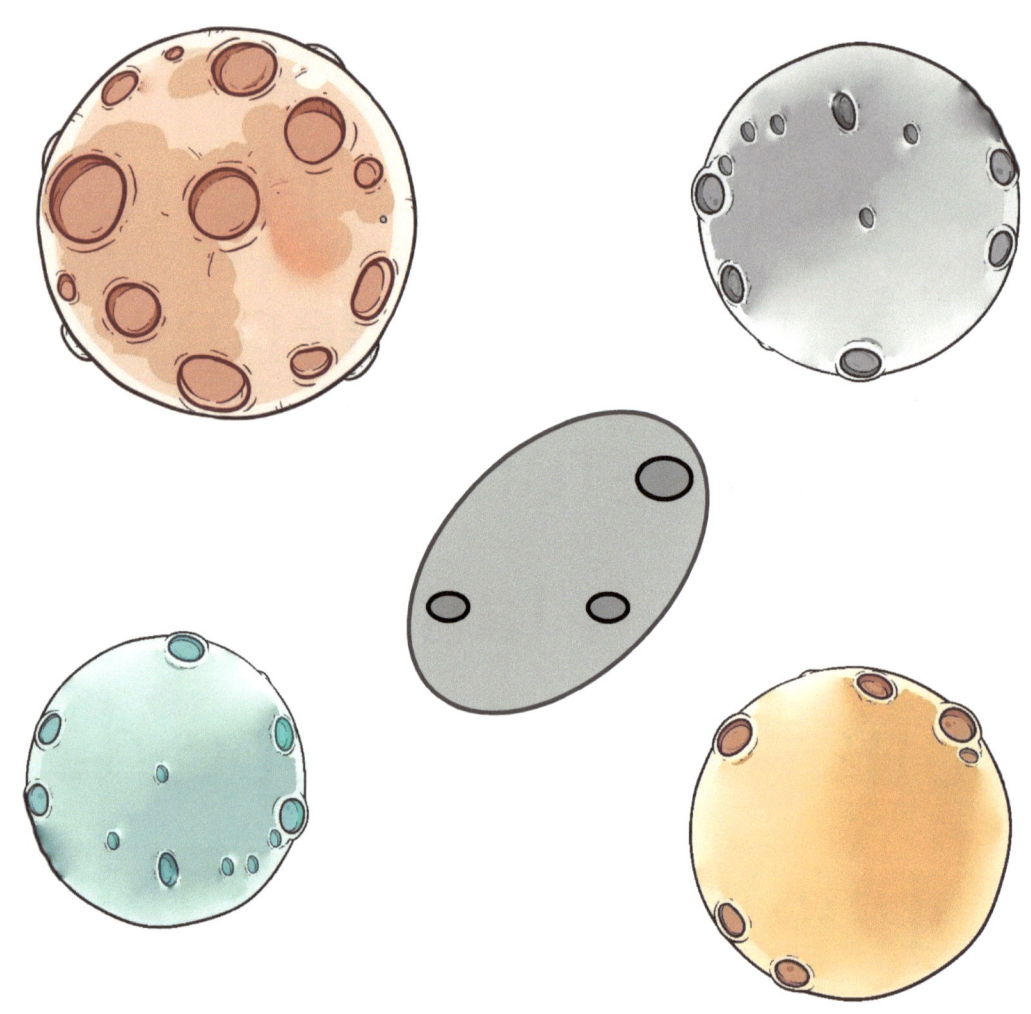

Planetas Enanos

Dwarf Planets

The first 5 recognized dwarf planets are: Ceres, Eris, Makemake, Haumea and Pluto. They are very small. They are so small that the Moon is bigger than all of them. Scientists believe there may be dozens of dwarf planets awaiting discovery.

Planetas Enanos

Dwarf Planets

Planetas Enanos

Los primeros 5 planetas enanos reconocidos son: Ceres, Eris, Makemake, Haumea y Plutón. Son muy pequeños. Son tan pequeños que la Luna es más grande que todos ellos. Los científicos piensan que existen decenas de planetas enanos sin descubrir.

Draw your own planet

Either here or on a blank page, draw your own planet. Use any materials you want (crayons, paint, pictures) and don't forget to give it a cool name.

Dibuja tu propio planeta

En este espacio o en una página en blanco dibuja tu propio planeta. Utiliza cualquier material que quieras (crayones, pintura, fotos) y no te olvides de darle un nombre genial.

Author's Biography

Javier Jerez López is a Puerto Rican author and writer. He studied at the University of Puerto Rico, Rio Piedras campus. As a professional he is a Physics, Chemistry and Astronomy teacher and professor in addition to being a Medical Dosimetrist. He is also a photographer, martial artist and freemason. Currently lives in Puerto Rico with his wife and his two kids.

Biografía del Autor

Javier Jerez López es un autor y escritor puertorriqueño egresado de la Universidad de Puerto Rico recinto de Rio Piedras. Como profesional es Maestro y Profesor de Física, Química y Astronomía en adición a ser Dosimetrista Médico. También se desarrolla como fotógrafo, artista marcial y masón. Actualmente vive en Puerto Rico con su esposa y sus dos hijos.